Benjamin Pape

Der Bielefelder Verflechtungsansatz

Die Verknüpfung von Subsistenz- und Marktproduktion

GRIN Verlag

Bibliografische Information der Deutschen Nationalbibliothek:

Die Deutsche Bibliothek verzeichnet diese Publikation in der Deutschen National-
bibliografie; detaillierte bibliografische Daten sind im Internet über http://dnb.d-
nb.de/ abrufbar.

Impressum:

Copyright © 2007 GRIN Verlag GmbH
Druck und Bindung: Books on Demand GmbH, Norderstedt Germany
ISBN: 978-3-638-87714-5

GRIN - Your knowledge has value

Der GRIN Verlag publiziert seit 1998 wissenschaftliche Arbeiten von Studenten, Hochschullehrern und anderen Akademikern als eBook und gedrucktes Buch. Die Verlagswebsite www.grin.com ist die ideale Plattform zur Veröffentlichung von Hausarbeiten, Abschlussarbeiten, wissenschaftlichen Aufsätzen, Dissertationen und Fachbüchern.

Besuchen Sie uns im Internet:

http://www.grin.com/

http://www.facebook.com/grincom

http://www.twitter.com/grin_com

Die Verknüpfung von Subsistenz- und Marktproduktion:
Der Bielefelder Verflechtungsansatz

Eberhard-Karls-Universität Tübingen

Geographisches Institut

Hauptseminar „Wirtschaftsgeographische Probleme der Entwicklungsländer"

Eingereicht von: Benjamin Pape

Datum der Abgabe: 12.07.2007

Inhaltsverzeichnis

1. Einführung und Problemstellung

Unter dem Leitthema „Gewinnmaximierung vs. Risikominimierung: Strukturen der Überlebensökonomie" stellt der Bielefelder Verflechtungsansatz, dessen Behandlung der Diskussion um den informellen Sektor und seine Problematik folgt, eine vertiefte Betrachtung der Überlebensökonomie aller sozialen Schichten in Entwicklungs- wie auch Industrieländern dar. Über die allgemeine Feststellung von Versuchen der Risikominimierung durch Verknüpfung von Subsistenz- und Marktproduktion hinaus können so Differenzierungen in der Bedeutung der Subsistenzproduktion festgestellt und auch Ansätze von Gewinnmaximierung ausfindig gemacht werden. Der Ansatz leistet außerdem Beiträge zur Erklärung des Entstehens von Peripherie sowie zur oft untergeordneten Rolle der Frau in Entwicklungsländern.

Diese Arbeit führt zunächst in die Ausgangsproblematik ein, der die Bielefelder Entwicklungssoziologen und ihre Vordenker begegneten (*Kap. 1.2*) und beschreibt ihre gemeinsamen Prämissen für die Entwicklung des Ansatzes (*Kap. 1.3*), bevor im Hauptteil der Arbeit die einzelnen Begriffe und Thesen der Bielefelder erläutert werden (*Kap. 2.1 bis 2.4*). *Kap. 2.3* stellt dabei den eigentlichen Bielefelder Verflechtungsansatz dar, dessen lokal verschieden bedeutsamen Anteile (*Kap. 2.4*) und seine Bedeutung für die westliche Welt (*Kap. 2.5*) im Anschluss erörtert werden. Im dritten Teil der Arbeit wird die eher theoretische Frage nach der Entstehung von Warenproduktion in Entwicklungsländern und damit nach einer Grundlage für den Bielefelder Ansatz anhand eines Fallbeispiels aus Mexiko (*Kap. 3.1*) und einigen theoretischen Überlegungen (*Kap. 3.2*) behandelt. Im Abschlussfazit werden die Erkenntnisse und Hauptaussagen des Bielefelder Verflechtungsansatzes noch einmal zusammengefasst.

1.1 Die Bielefelder Entwicklungssoziologen[1]

Der Bielefelder Verflechtungsansatz entstand durch intensive Forschungsarbeiten der einer Gruppe von Soziologen an der Soziologischen Fakultät der Universität Bielefeld. 1974 wurde Prof. Hans-Dieter Evers auf den Lehrstuhl des Forschungsschwerpunktes Entwicklungssoziologie berufen und arbeitete bis Mitte der 1980er Jahre mit den dortigen Kollegen unter dem Etikett „Arbeitsgruppe Bielefelder Entwicklungssoziologen", das unter anderem auch für gemeinsame Publikationen verwendet wurde. In dieser Zeit führten die Entwicklung des Bielefelder Verflechtungsansatzes und Forschungsprojekte der Mitarbeiter des Lehrstuhls in Südamerika, Afrika und Südostasien, die den Ansatz in der Praxis überprüften und ausbauten, zu

---

[1] Quelle der Informationen dieses Abschnittes: BIERSCHENK 2002: 3f.

einer relativen Bekanntheit der „Bielefelder Schule". Die wichtigste Publikation der Arbeitsgruppe erschien 1979[2].

1.2 Ausgangsproblem: Theorie-Praxis-Gegensatz[3]

Die Problematik, die zur Entstehung des Bielefelder Verflechtungsansatzes führte, war ein Gegensatz zwischen der noch in den 1960er Jahren wenig bestrittenen theoretischen Erklärung der Subsistenzproduktion und der sich in dieser Zeit immer stärker andeutenden Realität. Generell ging man davon aus, dass die Subsistenzproduktion eine unterentwickelte Vorstufe der modernen, in den Industrieländern flächendeckend verbreiteten Warenproduktion sei. In einem sich nach und nach modernisierenden und industrialisierenden Staat müsse die Subsistenzproduktion sich demnach von selbst auflösen und der industriellen Produktion weichen. Man ging davon aus, dass mit den verbesserten Umständen der Warenproduktion in den entstehenden Industrieländern auch eine lineare, gleichmäßige Verbesserung der Lebensumstände der Bevölkerung stattfinden würde.

In der Realität konnte man dagegen auch nach dem Ende von Kolonialherrschaften und langjähriger Selbstständigkeit der Entwicklungsländern kein Verschwinden der Subsistenzproduktion feststellen. Stattdessen machte sie einen ungebrochen großen Teil der Volkswirtschaften aus, während sich, wenn überhaupt, langsam parallel eine Industrie entwickelte. Anstelle der sich innerhalb der nationalen Grenzen gleichmäßig verbessernden Produktions- und Lebensumstände war bereits in den 1960er Jahren eine gesellschaftliche Polarisierung zu bemerken, die wir im 21. Jahrhundert in vielen Ländern aller Entwicklungsstufen in anschaulicher Form beobachten können: In Gated Communities grenzt sich die Oberschicht der Bevölkerung von den Marginalsiedlungen der Unterschicht ab; gerade in Großstädten sind diese Existenzformen in direkter Nachbarschaft zueinander zu beobachten.

Der genannte Gegensatz von theoretischen Annahmen und Realität der Subsistenzproduktion und der damit verbundenen Lebensumstände gerade armer Bevölkerungsteile veranlassten Wissenschaftler vieler Disziplinen zu Überlegungen über einen möglichen Zusammenhang zwischen kapitalistischen und subsistenziellen Wirtschaftsweisen.

---

[2] ARBEITSGRUPPE BIELEFELDER ENTWICKLUNGSSOZIOLOGEN (Hrsg.) (1979): *Subsistenzproduktion und Akkumulation*. Saarbrücken.
[3] Quelle der Informationen dieses Abschnittes: BIERSCHENK 2002: 4 und eigene Ergänzungen.

1.3 Prämissen

Den Aussagen des Bielefelder Verflechtungsansatzes liegen zwei weitere wissenschaftliche Annahmen zugrunde. Die *Dependenztheorie* als deren erste begründet die Unterentwicklung der Entwicklungsländer in ihrer Integration in westliche, kapitalistische Wirtschaftssysteme, nachdem sie oft Jahrhunderte lang von ihren Kolonialmächten ausgebeutet wurden. Eine ähnliche Aussage macht die *Weltsystemtheorie* von Immanuel Wallerstein[4]. Diese noch ältere Theorie untergliedert die Welt grundsätzlich in ein Zentrum und eine Peripherie, wobei als Zentrum die Industrieländer bzw. der „Norden" angenommen werden und als Peripherie die Entwicklungsländer bzw. der „Süden". In einer als Semi-Peripherie bezeichneten Pufferzone zwischen beiden könnten heute die Schwellenländer eingeordnet werden. Wallerstein charakterisiert das Zentrum mit einer Akkumulation von Kapital, komplexer Güterherstellung und einem aktiven Aufrechterhalten des eigenen Monopols auf moderne Warenproduktion und einen hohen Entwicklungsstand, was einer der Aussagen der Dependenztheorie entspricht. Die Peripherie sei dagegen durch ihre Funktion als Lieferant von Rohstoffen und billigen Arbeitskräften sowie einen ungleichen Güteraustausch mit dem Zentrum geprägt, was Spannungen erzeuge[5]. Die Semi-Peripherie als zwischen beiden liegender Pufferbereich nutzte Wallerstein zur Begründung der trotzdem herrschenden politischen Stabilität des ungleichen Weltsystems.

Die Prämissen von Weltsystem- und Dependenztheorie liegen dem Bielefelder Verflechtungsansatz ebenso zugrunde wie die Annahme von auf Gewinnmaximierung ausgerichteten, kapitalistischen Unternehmern. Auf in der Realität vereinzelt auftretende, dem widersprechende Fälle wie Non-Profit-Organisationen geht der Ansatz daher nicht ein.

2. Der Bielefelder Verflechtungsansatz

Um die Spezifika des Bielefelder Verflechtungsansatzes herauszuarbeiten, sollte seine Aussage mit der zuvor bestehenden Annahme der Aufteilung von Lohnarbeit und häuslichen Dienstleistungen verglichen werden. Deren Aussage ist wenig kompliziert (siehe *Abb. 1*): in einer aus zwei Ehepartnern und ihren Kindern bestehenden Familie ist ein Partner für die formelle Lohnarbeit zuständig, während der andere sich zu Hause um die familiäre *Reproduktion* kümmert. Dieser Begriff bezeichnet im Vokabular der Bielefelder Entwicklungssoziologen die Erbringung von häuslichen Dienstleistungen und der Beschaffung von Gütern zum

---

[4] Das Hauptwerk Wallersteins in der deutschen Übersetzung des letzten Teils: WALLERSTEIN 1986.
[5] Die theoretische Ausgangslage Wallersteins findet sich bei den Bielefeldern wieder; siehe z.B. OTTO-WALTER 1979: 10.

rein physischen Erhalt der Familie[6]. Diese ist in den Industrieländern in der Regel allein durch die finanziellen Mittel möglich, die aus der Lohnarbeit eines Partners erbracht werden. Der physische Erhalt der Familie ist Voraussetzung zur Erneuerung (Reproduktion) der Arbeitskraft des arbeitenden Partners und damit Voraussetzung für ein dauerhaft funktionierendes System.

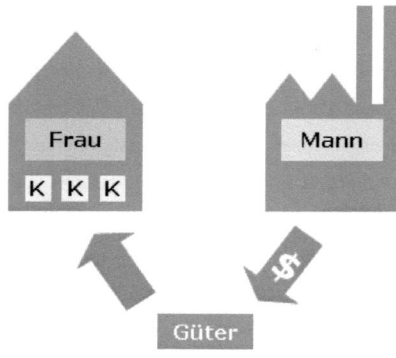

Abb. 1: Klassische Annahme der Einteilung von formeller Lohnarbeit und häuslichen Dienstleistungen.

(Eigene Darstellung)

Zum Verständnis der Annahme für die Peripherie nach dem Bielefelder Verflechtungsansatz (*Kap. 2.3*) sind zuvor einige Begriffsklärungen notwendig, nämlich der Prozess der *Peripherisierung* (*Kap. 2.1*) und die *Schicht der Ungesicherten* (*Kap. 2.2*).

2.1 Peripherisierung[7]

Die Bielefelder konstatierten zusätzlich zur Annahme von Peripherie nach der Weltsystemtheorie ihr eigenes Verständnis des Entstehens von Peripherie, also den primär vom Verflechtungsansatz beschriebenen Staaten und Regionen. Der Prozess der Peripherisierung beginnt demnach, indem der kapitalistische Markt nicht konkurrenzfähige Bewerber durch natürliche Mechanismen eliminiert. Diese sehen jedoch aufgrund der Gesamtlage ihres Staates und ihrer eigenen Ausbildungs- und Kapitalsituation keine andere Möglichkeit, als unwirtschaftlich ihre Arbeit fortzusetzen und ihre Konkurrenzfähigkeit durch ein Abrutschen in die Informalität wiederherzustellen. Durch die informelle Arbeit entfallen Steuer- und Sozialabgaben, eventuellen Angestellten oder Gehilfen müssen keine Mindestlöhne mehr gezahlt werden. Beginnt dieser Prozess in ganzen Stadtvierteln oder Regionen, fällt nach und nach auch die staatliche Unterstützung weg: Versorgungs- und Transportinfrastruktur, Polizei und andere Ressourcen,

---

[6] Definitionen des Begriffes finden sich vor allem in der Sekundärliteratur, so z.B. SCHMIDT-WULFFEN 1987: 134 oder BIERSCHENK 2002: 4.
[7] Quelle der Informationen dieses Absatzes: ELWERT/EVERS/WILKENS 1983: 291-293.

die eine zentrale Region charakterisieren, werden abgezogen und lassen Peripherie entstehen. Ist ein Staat mehrheitlich von diesem Prozess geprägt, fällt er insgesamt auch in die Kategorie der Peripherie.

2.2 Die Schicht der Ungesicherten[8]

Auch der Begriff des informellen Sektors wird von den Bielefelder Entwicklungssoziologen in seiner ursprünglichen Bedeutung nicht akzeptiert. Er sei, betrachtet als abgegrenzter vierter Wirtschaftssektor neben den klassischen drei Sektoren, eher eine unscharfe Restkategorie, ein „catch-all-Begriff"[9], der aus Bequemlichkeit oder Unlust zu weiteren Differenzierungen geschaffen wurde. Dabei fasse er völlig gegensätzliche Tätigkeiten zusammen (siehe *Abb. 2*): von Saisonarbeitern auf Feldern, die eher als Arbeiter des primären Sektors gerechnet werden müssten, über Kleinproduzenten und Dienstleister wie Schuhputzer reiche das Spektrum bis zu kriminellen Tätigkeiten. Eine scharfe Abgrenzung von den drei anderen Sektoren sei also unmöglich.

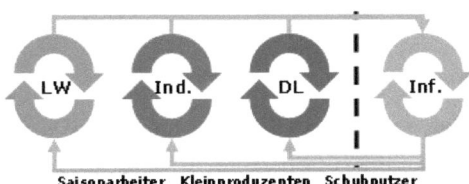

Abb. 2: Der informelle Sektor und sein Übergreifen in andere Sektoren.

(Eigene Darstellung)

Die Bielefelder schlagen stattdessen eine parallele Betrachtung vor (siehe *Abb. 3*): die informell Tätigen würden als „Schicht der Ungesicherten" zusammengefasst, was ihre nur kurzfristige Zukunftsperspektive betone. Gemeinsam sei ihnen die „absolute Priorität" der Suche nach Einkommens- und damit Lebenssicherheit durch „Sicherung ihrer Subsistenz"[10], was der „Schicht der Gesicherten", in der sich die formell Arbeitenden der herkömmlichen drei Sektoren befinden, entgegen steht. Dort sei generell von einer Maximierung des Einkommens als einem Ziel zu sprechen.

---

[8] Quelle der Informationen dieses Absatzes: ELWERT/EVERS/WILKENS 1983: 281ff.
[9] Ebd. 281.
[10] Ebd. 285.

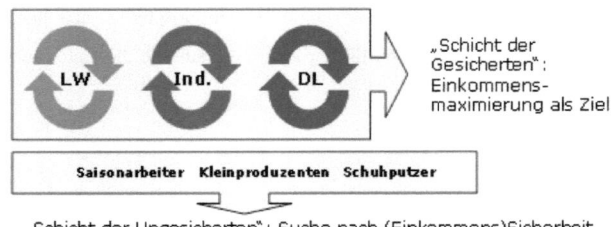

"Schicht der Gesicherten": Einkommensmaximierung als Ziel

Saisonarbeiter   Kleinproduzenten   Schuhputzer

"Schicht der Ungesicherten": Suche nach (Einkommens)Sicherheit

Abb. 3: Einteilung in die „Schicht der Unge-sicherten" und die „Schicht der Gesicher-ten".

(Eigene Darstellung)

In der „Schicht der Ungesicherten" verstärkt sich der mangelnde Zusammenhalt untereinander („Kohäsion"[11]), der durch Konkurrenzsituationen, die zu meist unwirtschaftlichem Arbeiten zwingen, aber auch durch Mangel von finanziellen Mitteln für Gewerkschaften, Versicherungen usw. entsteht, im Zusammenspiel mit der fortschreitenden Peripherisierung zunehmend. Die Bielefelder versäumen auch nicht, den neu geschaffenen Begriff wissenschaftlich zu kategorisieren: er sei lediglich deskriptiv zu verwenden, eine analytische Tauglichkeit besitze er nicht. Dies mache einen der wesentlichen Unterschiede zum Begriff des informellen Sektors aus.

2.3 Verflechtung von Produktionsformen

Den Bielefelder Entwicklungssoziologen gingen mit einer Reihe französischer Ethnologen einige Vordenker voraus, die sich bereits in den 1960er Jahren mit dem in *Kap. 1.2* beschriebenen Theorie-Realität-Gegensatz beschäftigten[12]. Für sie war weniger die Frage der sich verstärkenden Polarisierung, sondern vielmehr das Problem der wachsenden Bedeutung der Subsistenzproduktion für die Volkswirtschaften in einigen Entwicklungsländern ein augenfälliger Gegensatz zur theoretischen Annahme der Selbstauflösung der Subsistenzproduktion in sich modernisierenden Staaten. Anhand von Feldforschungen in einigen westafrikanischen Staaten stellten die Franzosen dann die „Verflechtung von Produktionsweisen", womit kapitalistische und nichtkapitalistische Weisen gemeint waren, in jeweils landesspezifischen Formen fest. Diese seien für das Bestehen der Subsistenzproduktion verantwortlich.

In den 1970ern wurde diese These von den Bielefeldern verbessert[13]. Auch in Entwicklungsländern, und selbst an Orten, an denen Subsistenzproduktion dominiere, gebe es keine nichtkapitalistischen Produktionsweisen. Stattdessen sei innerhalb der einzig existierenden kapitalistischen Produktionsweise zwischen subsistenziellen und rein kapitalistischen Produktions-

---

[11] Ebd. 293.
[12] Quelle: BIERSCHENK 2002: 4f.; EVERS 1987b: 138.
[13] Quelle: BIERSCHENK 2002: 4-6; EVERS 1987b: 138; ELWERT/EVERS/WILKENS 1983: 285f.

formen zu unterscheiden, die miteinander verflochten seien. Dabei schaffe die Subsistenzproduktion die Güter, die zur Reproduktion der unterbezahlten, kapitalistisch ausgebeuteten Arbeitskraft notwendig seien. Die Arbeiter in diesen Regionen müssten also nicht entsprechend den lokalen Lebenshaltungskosten verdienen, sondern könnten in ihrem Verdienst deutlich darunter bleiben. Die Subsistenzproduktion sei für die Reproduktion der Arbeitskraft bedeutsamer als der Lohn, der eher als ein variabel gestaltbarer Zusatz betrachtet werden könne.

Das Verständnis dieser Grundannahme und die Klärung der Begriffe aus *Kap. 2.1* und *2.2* erlaubt nun, in Analogie zur *Abb. 1* ein Schema der Verflechtung von Produktionsformen für die Peripherie zu zeichnen (siehe *Abb. 4*). Auch hier arbeitet ein Partner, vereinfacht angenommen als der Mann, zunächst formell oder informell an mehreren Orten. Die multiplen Standbeine zum Erhalten von Lohn sind hierbei nicht auf eine Suche nach maximalem Einkommen, sondern auf die Suche nach Einkommenssicherheit zurückzuführen, da die Verhältnisse der Peripherie und der Bildungsstand des Mannes es nicht erlauben, sich langfristig auf nur eine Stelle zu verlassen.

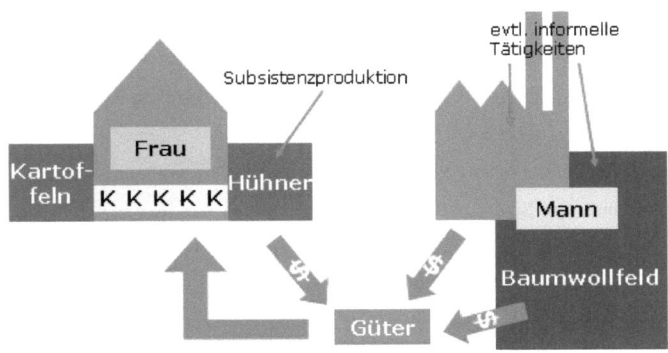

Abb. 4: Annahme für die Peripherie nach dem Bielefelder Verflechtungsansatz. *(Eigene Darstellung)*

Da der Lohn des Mannes aus beiden Arbeitsstellen noch nicht ausreicht, um die Reproduktion der Familie zu ermöglichen (geringere Dicke der roten Pfeile), leistet die Frau am Wohnort zusätzliche Subsistenzproduktion. Das Schema zeigt ihre typischen informellen Dienstleistungen in Form von Kindeserziehung (gelbe K) und ihre produzierende Tätigkeit in Form von an das Haus angeschlossenen Feldern oder Hühnerlaufflächen. Erst der monetäre Ertrag daraus ermöglicht den Einkauf von ausreichend Gütern, um eine Reproduktion der Familie zu ermöglichen. Dabei ist die Bedeutung des direkten Konsums der in Subsistenz produzierten Güter nicht zu unterschätzen.

Die Verflechtung von Subsistenz- und Warenproduktion, von nichtkapitalistischen und kapitalistischen Produktionsformen und von Tätigkeiten in formellem und informellem Sektor machen also den Bielefelder Verflechtungsansatz aus. Den Bielefeldern ist dabei vor allem an der Feststellung gelegen, dass die im besten Fall formelle Tätigkeit des Mannes durch die Subsistenzproduktion der Frau *subventioniert* wird[14]. Auf den größeren Maßstab bezogen subventioniert die Subsistenzproduktion in einem Entwicklungsland somit den sich entwickelnden Kapitalismus, erleichtert ihm die Ansiedlung vor Ort und ermöglicht ihm größere Gewinnspannen.

Die Zusatzinformation, dass die Arbeitsstellen des Mannes formellem, informellem oder, im Falle von mehreren, beiden Bereichen zuzuordnen wären, verdeutlicht die Schwierigkeit der Abgrenzung von formeller und informeller Tätigkeit, die nicht einfach zwischen dem formell arbeitenden Mann und der informell im Haushalt arbeitenden Frau gezogen werden kann[15]. Erschwert wird dies durch weitere „Übertritte" von Gütern zwischen beiden Bereichen; hier werden illegale Stromentnahmen oder Müllverwertung aus dem formellen Bereich genannt.

2.4 „Hausfrauisierung"[16]

Die Hausfrauisierung ist, ähnlich der Peripherisierung, ein von den Bielefeldern postulierter Prozess, der in Entwicklungsländern stattfindet, die zunehmend in die kapitalistische Welt einbezogen werden. Als Ausgangsposition für eine Kettenreaktion wird hier die Peripherisierung der betroffenen Region angenommen. Diese induziert bei ihren Bewohnern eine verstärkte Suche nach Sicherheit, um die wachsende Disparität zum Zentrum und zum vorhergehenden Zustand auszugleichen. Die Suche nach Sicherheit äußert sich u.a. in Versuchen, die Effizienz der Arbeitsleistung des eigenen Haushalts zu erhöhen, was typischerweise durch eine Restrukturierung der häuslichen Arbeitsteilungen geschieht: in den meisten Fällen zieht sich der Mann größtenteils von den häuslichen Arbeiten zurück, um sich ganz der oder den Arbeitsstellen zu widmen oder nach anderen Stellen zu suchen. Die Frau, die zuvor möglicherweise ebenfalls eine Arbeitsstelle besaß, die aber typischerweise geringer entlohnt und zeitlich von geringerem Aufwand war, konzentriert sich vollständig auf den Haushalt: „die Bürde der Subsistenzproduktion [fällt] [...] im Wesentlichen den Frauen zu"[17], was hauptsächlich die Herstellung von Dienstleistungen in Form von Kindeserziehung sowie Güterproduktion für den Eigenbedarf umfasst.

Auf diese Weise entsteht die gesellschaftlich anerkannte Kategorie „Hausfrau", die nach einiger Zeit eine Unmöglichkeit der Lohnarbeit von Frauen hervorruft. Die Gründe dafür sind hauptsächlich die geringere Entlohnung der Frauen aus traditionellen Gründen oder aufgrund

---

[14] Verschiedene Modelle zur Subventionierung siehe ELWERT/WONG 1970: 262ff.
[15] Quelle: ELWERT/EVERS/WILKENS 1983: 285.
[16] Quelle der Informationen dieses Abschnittes: Ebd. 284, 289.
[17] EVERS 1987a: 358.

physischer Nachteile gegenüber Männern, aber auch die Festigung der neuen Rollen: eine Arbeitsstelle der Frau würde eine Vernachlässigung der lebenswichtigen Subsistenzproduktion bedeuten, was nicht geschehen darf. In industrialisierenden Staaten kommt die Schulpflicht für alle Kinder hinzu: durch den Wegfall der Kinderarbeit und Kosten für den Schulbesuch entsteht eine erneute Mehrbelastung vor allem für die Frau.

Langfristig wird die Frau somit von der Entwicklung eines Landes ausgeschlossen: während die Männer von gesellschaftlichen Fortschritten wie verbesserten Arbeitsbedingungen, Renten usw. profitieren können, sind die Frauen auf ihre häuslichen, nicht entlohnten und nur selten erleichterten Stellen festgelegt. Der Begriff der Hausfrauisierung bezeichnet somit auch die bereits in *Kap. 2.3* festgestellte Tendenz, dass die männliche Lohnarbeit durch die weibliche Subsistenzproduktion und häusliche Dienstleistungen subventioniert wird.

2.5 Unterschiedliche Bedeutung der Subsistenzproduktion

Die Erkenntnisse des Bielefelder Verflechtungsansatzes lassen davon ausgehen, dass die Bedeutung der Subsistenzproduktion für den Konsum eines Haushaltes in einem Entwicklungsland linear absinkt, umso mehr das Haushaltseinkommen steigt. Dies gilt gemäß den Feldforschungen der Bielefelder Entwicklungssoziologen vor allem für ländliche Regionen (siehe blaue Kurve in *Abb. 5*). In städtischen Regionen dagegen spielt der Flächenmangel eine wichtige Rolle[18]: die ärmsten Haushalte verfügen über keine eigenen Anbauflächen; erst mit größerem Haushaltseinkommen steigt auch die Wahrscheinlichkeit, dass ein kleiner Vorgarten oder eine andere Fläche für den Anbau vorhanden ist. Daher steigt die Bedeutung der Subsistenzproduktion mit wachsendem Haushaltseinkommen zunächst an, bevor sie, ähnlich der Kurve für ländliche Regionen, wieder absinkt (siehe rote Kurve in *Abb. 5*).

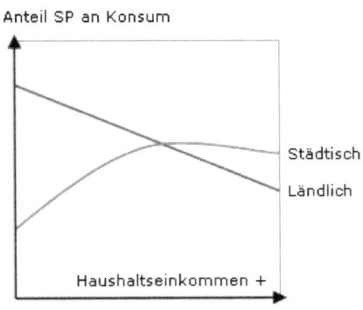

Abb. 5: Unterschiedliche Bedeutung der Subsistenzproduktion zwischen ländlichen und städtischen Regionen.

(Eigene Darstellung nach Daten von ELWERT/EVERS/WILKENS 1983: 287f.)

---

[18] Quelle: ELWERT/EVERS/WILKENS 1983: 286-290.

Hans-Dieter Evers selbst hat in Jakarta Befragungen durchgeführt, um den Bielefelder Verflechtungsansatz zu überprüfen und Größenordnungen für Zahlen zu finden, die die Bedeutung der Subsistenzproduktion belegen. Dabei fand er heraus, dass durchschnittlich 18% des Konsums der ärmeren Schichten in Jakarta aus der Subsistenzproduktion gedeckt werden[19]. Er differenzierte seine Befragung weiter, indem er seine Interviewpartner nach den Hauptquellen ihrer konsumierten Güter befragte[20]. Als Antworten standen formelle und informelle Tätigkeiten sowie die Subsistenzproduktion zur Auswahl, es konnten jedoch mehrere angegeben werden. Nur Quellen, die unter 10% des Gesamtkonsums ausmachen, sollten nicht genannt werden.

Bei dieser Befragung ergab sich, dass 39% der Haushalte von formeller Arbeit in Kombination mit Subsistenzproduktion und weitere 32% von informeller Arbeit und Subsistenzproduktion lebten. Formelle, informelle und Subsistenzproduktion kombiniert traten nur bei drei Prozent der Haushalte auf. Insgesamt hat die Subsistenzproduktion also bei drei Viertel der Haushalte der ärmeren Schichten in Jakarta eine nennenswerte Bedeutung. Nur sieben Prozent der Haushalte gaben an, von rein formeller Arbeit zu überleben; diese waren in der Umfrage mit einem durchschnittlichen Haushaltseinkommen von 127 Rupien auch die wohlhabendste Gruppe. Die letzte mögliche Kombination, nämlich Einkünfte aus formellen und informellen Tätigkeiten ohne Einsatz von Subsistenzproduktion, machte 19% der Haushalte aus. Mit 81 Rupien Haushaltseinkommen war dies bereits die zweitreichste Gruppe. Die übrigen drei Gruppen, die mit ihrem Haushaltseinkommen niedriger lagen, kompensierten dies offensichtlich durch Subsistenzproduktion, da diese nur bei ihnen den nennenswerten Anteil von über 10% des Konsums ausmachte. Das Schlusslicht nach Einkommen bildeten hierbei die Haushalte, die von informeller Tätigkeit und Subsistenzproduktion lebten; sie verdienten im Durchschnitt nur 42 Rupien.

---

[19] Quelle: ELWERT/EVERS/WILKENS 1983: 286; EVERS 1987b: 138.
[20] Quelle: EVERS 1987b: 138; Haushaltseinkommen nach EVERS 1987a: 362.

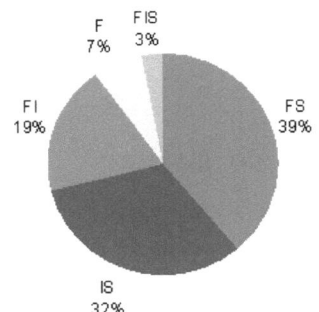

F 7% FIS 3%

FI 19%

FS 39%

IS 32%

Abb. 6: Verflechtungstypen in Jakarta (Angaben in % der Haushalte).

(Eigene Darstellung nach Evers 1987b: 138).

Legende:

FS: Formeller Sektor und SP

IS: Informeller Sektor und SP

FI: Formeller und informeller Sektor, keine SP

F: Formeller Sektor, keine SP

FIS: alle drei Quellen bedeutend

2.6 Bedeutung für den Kapitalismus

Um die Konsequenzen der Erkenntnisse des Bielefelder Verflechtungsansatzes für ein über-kommendes kapitalistisches Wirtschaftssystem und seine Unternehmer einzuschätzen, ist vor allem die Tatsache der Subventionierung der entlohnten Arbeitskraft durch nicht entlohnte Subsistenztätigkeiten zu unterstreichen. Diese ermöglicht den ausschließlich auf hohen Ertrag ausgerichteten kapitalistischen Unternehmern, Niedriglöhne an die Arbeiter zu zahlen und selbst von einer hohen Gewinnspanne zu profitieren. Da dies als dauerhafter Zustand in Ent-wicklungsländern fortbestehen kann, kann die Subsistenzproduktion nicht mehr als Vorstufe höher entwickelter Produktions- und Wirtschaftsweisen gesehen werden, was die Modernisie-rungstheorie negiert.

Die Bielefelder unterstreichen, dass die Subsistenzproduktion der kapitalistischen immer vor-angestellt sei – auch in den Industrieländern[21]. Sie sei ein Bestandteil und eine Voraussetzung für die Entstehung des Kapitalismus; er induziere nichtkapitalistische Produktionsweisen selbst, um sich daraus zu entwickeln. Technologisch rückständige Regionen könnten durch die Verflechtung von Subsistenz- und Warenproduktion konkurrenzfähig für den Weltmarkt werden, so die weitere Argumentation[22]. Aktuelle Globalisierungstendenzen bestätigen dies: Produktionsprozesse werden heute zumeist in Entwicklungs-, Transformations- oder generell weniger wohlhabende Länder ausgelagert, was primär aufgrund des niedrigen lokalen Lohn-niveaus geschieht. Der Bielefelder Verflechtungsansatz begründet damit das Fortbestehen der globalen Disparitäten in der fortwährenden Subventionierung der Niedriglohnarbeit durch die Subsistenzproduktion und liefert somit auch eine mögliche Antwort auf die von Wallerstein

---

[21] Quelle: BIERSCHENK 2002: 5.
[22] Quelle: SCHMIDT-WULFFEN 1987: 134.

aufgeworfene Frage, warum das Zentrum seinen Vorsprung aktiv aufrecht erhalte, ohne dies politisch willentlich zu forcieren.

3. Entstehung der Warenproduktion in Entwicklungsländern

Dieses Kapitel beschäftigt sich abschließend mit einer Frage, die der Bielefelder Verflechtungsansatz nicht direkt erklärt: unter der Prämisse, dass auch die Menschen der durch den Kapitalismus ausgenutzten Länder über ein Maß an Information und Fähigkeit zu aktiver Kritik verfügen und zudem selbst mehr wollen, als nur ihr nacktes Überleben zu sichern, stellt sich die Frage, wie die kapitalistische Warenproduktion die Entwicklungsländer überhaupt erreicht und sich auch noch dort ausbreitet, wo ihre für die lokale Bevölkerung größtenteils negativen Konsequenzen längst bekannt sind. Erst nach dem Einzug des Kapitalismus in die vielen peripheren Orte einer Region wird ein Ansetzen der Bielefelder Theorie möglich. Aber was macht ihn für die Menschen so reizvoll?

3.1 Beispiel Rio Grande, Mexiko [23]

Die Frage soll anhand des Dorfes Rio Grande im mexikanischen Bundesstaat Chiapas erläutert und im anschließenden Theorieteil (*Kap. 3.2*) weitergeführt werden. Das Ende der 1970er Jahre etwa 400 Einwohner zählende Dorf wurde von der Bielefelder Soziologin Veronika Bennholdt-Thomsen untersucht, was unter anderem der Überprüfung der Annahmen des Bielefelder Verflechtungsansatzes diente[24].

In dem abgelegenen Dorf produzieren die Bauern Mais und Bohnen in Subsistenz für sich und ihre Familien; zusätzlich bauen sie Kaffee an, den sie verkaufen und dessen Verdienst ihnen auch außerhalb der Erntezeit von Mais und Bohnen eine Versorgung ermöglicht.

Aufteilung der Anbaufläche

Im Durchschnitt bebaut jeder Landwirt des Dorfes 1,5 bis 2 Hektar Land. Davon wird durchschnittlich die Hälfte genutzt, um Kaffee anzupflanzen, eine Fläche, die zu vorkapitalistischen Zeiten für den Anbau von Baumwolle, Zuckerrohr, Obst und Gemüse genutzt wurde. Die Einnahmen aus dem Kaffee ermöglichen dem abgelegenen Dorf jedoch keinen entsprechenden Nachkauf der teuer zu importierenden Produkte, was letztendlich zu einer Verschlechterung der eigenen Ernährungssituation zugunsten des Kaffee-Exports führte.

---

[23] Quelle der Informationen dieses Abschnitts: BENNHOLDT-THOMSEN 1982: 65-130.
[24] Die Hauptpublikation zu diesen Untersuchungen war BENNHOLDT-THOMSEN 1982.

Die andere Hälfte der Fläche wird mit Mais und Bohnen bebaut, die der eigenen Ernährung dienen. Die Hälfte dieser Fläche muss jedoch brach liegen, um eine Regeneration des Bodens zu ermöglichen. Ein Bauer betreibt also nur auf einem Viertel seines Landbesitzes Subsistenzproduktion. Bennholdt-Thomsen rechnet auf das gesamte Dorf und seine Einwohnerzahl hoch, dass dies die absolute Untergrenze zur Eigenernährung darstellt; eine mindestens durchschnittliche Ernte und gegenseitige Hilfe werden dabei schon vorausgesetzt.

Arbeitsteilung und Hausfrauisierung

Bezüglich der zweiten wichtigen Erkenntnis des Bielefelder Verflechtungsansatzes, der Hausfrauisierung, fand die Autorin in Rio Grande Bestätigungen. Im Dorf herrschte durchweg eine klare Arbeitsteilung zwischen Frauen und Männern. Die Frauen waren für den Haushalt, die Kinder und das Nähen von Kleidung zuständig, zusätzlich kümmerten sie sich um haushaltseigene Hühner und minimale Vorgartenflächen mit Gemüseanbau für den Eigenkonsum. Im Fall von Geldmangel der Familie wurden sie auch in die Feldarbeit einbezogen; sie halfen dann während der Erntezeit beim Kaffeepflücken und verdienten so etwas Geld für den Haushalt.

Die Männer waren ausschließlich auf dem Feld beschäftigt, jedoch in unterschiedlichen Formen. Während die Produktion von Mais und Bohnen dem Eigenerhalt diente, bauten sie den Kaffee für den Export an. Oft waren sie zusätzlich und saisonal in einem Lohnverhältnis bei den größeren Bauern des Ortes zum Kaffeepflücken angestellt.

Den Ausschluss der Frauen von Fortentwicklungen des Dorfes, welche sich in Form von kapitalistischer Produktion oder verbesserten Arbeitsbedingungen auf Feldern äußern konnten, sah Bennholdt-Thomsen dadurch bestätigt. Da die Frauen im Haushalt unbezahlt arbeiteten und „[außer] den Hühnern [...] und den Kochutensilien [...] besitz- und eigentumslos"[25] waren, konnten sie von diesen Fortschritten nicht profitieren. Nur die Männer, denen die Feldflächen gehörten und die frei entschieden, was sie darauf anbauten, zogen Vorteile aus den Fortentwicklungen des Marktes. Welche Vor- oder Nachteile diese jedoch brachten, sei dadurch noch nicht bewertet.

Hilfsprogramme des mexikanischen Staates

Die Regierung von Chiapas und die Bundesregierung setzten auch in Rio Grande Hilfsprogramme zur Verbesserung der Lebensbedingungen der Bevölkerung um, die von der Autorin jedoch äußerst kritisch betrachtet wurden. So wurde den Bauern Hybridmais geschenkt, der größere Erträge ermöglichte, was die Möglichkeit bot, noch weniger Fläche mit Mais für die

---

[25] Ebd. 84.

Subsistenz und noch mehr Fläche mit Kaffee zu bepflanzen. Bennholdt-Thomsen, die die Hintergründe und langfristigen Pläne des Programms kannte, beurteilte dies als eine allein auf Vorteile des Staates ausgerichtete Maßnahme. Dies lag auch daran, dass es lediglich ein erster Schritt war, um die Bauern vollständig auf industrielle Gemüseproduktion umzustellen, die der Versorgung nahe gelegener Tourismuspole dienen sollte. Die Anpflanzung von Hybridmais verlangte nämlich den Einsatz von Erntemaschinen, wofür zunächst die Ackerflächen vorbereitet werden mussten. Waren die Äcker dann von Baumstümpfen u.ä. befreit, verschwand der Hybridmais wieder aus den „Hilfsprogrammen". Diese Problematik wird in der genannten Monographie weiter behandelt und ist an dieser Stelle nur insofern interessant, als dass der mexikanische Staat anstelle von einfachen Hilfsprogrammen noch weitere Maßnahmen umsetzte, um den Export zu erhöhen, indem er die Belastung der Bauernfamilien erhöhte. Dies diente den Menschen jedoch am wenigsten.

Eine solche Maßnahme zielte auf eine Doppelbelastung der Frauen. Dazu wurden zwangsweise elektrische Maismühlen im Dorf eingeführt, die viele Arbeitsstunden des Maiszerstoßens einsparten. Auf diese Weise konnten die Frauen ihre Arbeitsleistung in andere Arbeiten investieren. Parallel bot die Regierung den Dorfbewohnern den Kauf von schnell wachsenden Hühnern an. Die bereits nach sechs Wochen schlachtreifen Hühner waren jedoch unfruchtbar, weshalb sowohl die Küken als auch eine im Vierstundentakt zu verfütternde Spezialnahrung gekauft werden mussten. Bennholdt-Thomsen wies anhand von Rechnungen nach, dass der Arbeitsaufwand für die neuen Hühner und der letztendliche Gewinn daraus erst ab einer Aufzucht von 50 Tieren einen höheren Gewinn versprach als die herkömmlichen Hühner. Die Familien in Rio Grande zogen jedoch selten mehr als 20 Hühner gleichzeitig auf, da „mit einer Anzahl von 50 Hühnern [...] die Arbeitskapazität einer Bauersfrau [...] ausgeschöpft"[26] sei und sie dann keine anderen häuslichen Dienstleistungen mehr hätte erbringen können. Den größten Nachteil brachte jedoch das Problem, dass für den Kauf von Küken und Futter ein Kredit aufgenommen werden musste. Durch die ineffektiven Zuchtmaßnahmen und aufgrund von Zinsen musste nun der größte Teil der Hühner zur Schuldentilgung verkauft werden.

Die Eiweißversorgung der Familien verschlechterte sich auf diese Weise, ihre in Subsistenz geleistete Produktion subventionierte lediglich den Export, und der mexikanische Staat profitierte von der erhöhten Produktivität der peripheren Dörfer. Diese Einsicht vervollständigt den Bielefelder Verflechtungsansatz und leitet weiter zu der generellen Frage, wie die moderne Warenproduktion Rio Grande überhaupt erreicht hatte, obwohl ihre Nachteile durch Erzählungen aus anderen Dörfern den Bewohnern hätten bekannt sein müssen.

---

[26] Ebd. 90.

3.2. Wie kommt ein Bauer zur Warenproduktion?

Die reine Produktion in Subsistenzwirtschaft hat den großen Vorteil, lediglich naturgegebenen Unsicherheiten, in erster Linie atmosphärischen Ereignissen, ausgesetzt zu sein[27]. Marktpreisschwankungen, Preispolitik der Regierung und sämtliche anthropogenen Einflüsse interessieren hierbei nicht. Regierungen forcierten jedoch aus Eigeninteresse immer die Marktproduktion. In vielen Entwicklungsländern begannen bereits die Kolonialmächte damit, indem sie Exportprodukte zwangsweise anbauen ließen. Später kamen mit simplen Steuern und der Übertragung westlicher Sitten Pflichten hinzu, die es den Bauern unmöglich machten, ganz ohne Geldbesitz zu produzieren[28]. Bauern, die es in abgelegenen Regionen jedoch bis heute geschafft haben, sich der Marktproduktion zu verweigern, erhalten auf freiwilliger Basis von Staat, Unternehmen oder Nichtregierungsorganisationen Angebote, ihre Produktion zumindest teilweise auf Marktbedürfnisse auszurichten. Dies geschieht oft aus Eigeninteresse der Anbieter oder ihren zu eingeschränkten Sichtweisen, so dass psychologische Mittel eingesetzt werden, die gezielt auf die geringer gebildeten Bauern ausgerichtet sind und sie letztendlich von den schnellen Vorzügen des Kapitalismus überzeugen.

Auch ein völlig ungebildeter Landwirt ist in gewisser Weise ein „homo oeconomicus", der trotz seiner Subsistenzproduktion auf maximale Ausbeute und auf Einkommenssicherheit abzielt. Im Falle der Bauern von Rio Grande war möglicherweise die Suche nach Einkommenssicherheit ein Ausschlaggeber. So standen die Bauern vor der Wahl, ihre gesamte Anbaufläche der Mais- und Bohnenproduktion zu widmen, oder einen nur sehr geringen Teil für Kaffeepflanzungen einzusetzen. Im Fall der reinen Mais- und Bohnenproduktion könnte ein Bauer hypothetisch in 80% der Jahre eine gute Ernte einfahren, von der er sogar noch einen Teil zu sehr geringen Preisen verkaufen kann[29]. In den 20% schlechten Jahren muss er einen Kredit aufnehmen, um Lebensmittel nachzukaufen; nur einen kleinen Teil kann er aus den Überschüssen der übrigen Jahre decken.

Die Überlegung, einen geringen Teil seiner Äcker für Kaffee zu nutzen, ist in Anbetracht der unangenehmen Kreditaufnahme für den Bauern höchstwahrscheinlich verlockend. So könnte er möglicherweise noch in 70% aller Jahre eine gute Ernte einfahren, jedoch keine Überschüsse mehr verkaufen, was ihm ohnehin nicht viel eingebracht hätte. Er erwirtschaftet jedoch in jedem Jahr mit dem Kaffee einen monetären Verdienst, den er nicht nur in den 30%

---

[27] Quelle: ELWERT/WONG 1979: 258f.
[28] Quelle: Ebd. 260f. Zum Entstehen der Marktproduktion in Mexiko siehe auch BENNHOLDT-THOMSEN/BOECKH 1979: 107-109.
[29] Der sehr geringe Preis ergibt sich hierbei allerdings ganz natürlich durch das plötzlich steigende Angebot der Ware am Markt, da sie von allen Bauern zur gleichen Zeit angeboten wird.

schlechten Jahren zum Nachkauf von Lebensmitteln einsetzen kann, sondern der ihm in allen Jahren für Nach- und Einkäufe zur Verfügung steht.

Langfristig und im Austausch mit Kollegen und den forcierenden Kräften des Marktes wird sich der „homo oeconomicus" wahrscheinlich dazu entscheiden, die Mais- und Bohnenproduktion auf ein Minimum zu reduzieren, die ihm in durchschnittlich guten Jahren das Überleben ermöglicht. Die Kaffeeproduktion wird er dagegen maximieren, um seinen Gewinn und damit seine vermutete Einkommenssicherheit so hoch wie möglich zu halten. Der Staat fördert diese Produktivitätssteigerung aus Eigeninteresse, weshalb keine moralischen Widersprüche für die Bauern entstehen.

Bei jedem Produkt reicht der neu entstandene Wohlstand jedoch nur so lange, wie der wechselhafte Weltmarkt hohe Preise dafür bietet. Dies kann z.b. enden, wenn die Verlockung der Warenproduktion weitere, noch ärmere Regionen ebenfalls erreicht hat und der Markt dadurch gesättigt wird[30]. SCHMIDT-WULFFEN[31] stellt daher abschließend fest, dass die Subsistenzproduktion durch den Kapitalismus unterminiert wird. Die entstehende Abhängigkeit von Geldeinkommen und Weltmarktpreisen schaffe langfristig aber fast zwangsläufig Hunger und führe zur Landflucht.

Fazit

Der Bielefelder Verflechtungsansatz brachte in den 1970er Jahren Erkenntnisse, die ein Stück weit halfen, die Welt zu erklären. Die Unterentwicklung der Weltperipherie wurde durch mehr als nur ungleichen Handel erklärt, Wallerstein in diesem Punkt ergänzt. Die Subsistenzproduktion, so stellten die Bielefelder Entwicklungssoziologen fest, ist in die Diskussion um die Fortentwicklung der Peripherie einzubeziehen, denn ohne sie funktioniere keine Gesellschaft. Die so als falsch herausgestellte Modernisierungstheorie und die seitdem nicht mehr gültige Vorstellung, dass Wirtschaft und Gesellschaft als zwei separate Untersuchungsobjekte betrachtet werden können, unterstreichen die Bedeutung des Ansatzes als ein neues wissenschaftliches Paradigma, das heute für Diskussionen so selbstverständlich vorausgesetzt wird wie die Kenntnis der Dependenztheorie.

Ebenso erscheint jedoch auch die Entwicklungszusammenarbeit durch den Bielefelder Verflechtungsansatz in neuem Licht. Das Beispiel von Rio Grande hat gezeigt, wie wenig Hilfsmaßnahmen eines kapitalistischen Staates den Menschen tatsächlich helfen können; andererseits ist anstandslos einzusehen, dass kein gesellschaftlicher Fortschritt stattfinden kann, wenn

---

[30] Neben SCHMIDT-WULFFEN (1987) beschäftigen sich ELWERT/WONG (1979: 272) mit den Auswirkungen der Marktpreisschwankungen.
[31] Quelle: SCHMIDT-WULFFEN 1987: 134.

nicht auch die Peripherie lückenlos an ein kapitalistisches, möglicherweise aber gerechteres System angeschlossen wird. So lange keine staatlichen Anstrengungen geschehen, die Mindestlöhne, Mindestpreise oder Mindestabnahmemengen garantieren können, wird der Kapitalismus die Menschen immer mehr zwingen, sich von noch weniger Subsistenzanbaufläche effektiv zu reproduzieren. So lange aber ein Staat selbst über keine Mittel verfügt, solche Garantien festzusetzen, wird er weiter versuchen, sich mit ambivalenten Maßnahmen wie Maismühlen und schnell wachsenden Hühnern eine Grundlage dafür zu schaffen.

Literaturverzeichnis

BENNHOLDT-THOMSEN, V.; A. BOECKH (1979): *Zur Klassenanalyse des Agrarsektors: Mexiko.* In: ARBEITSGRUPPE BIELEFELDER ENTWICKLUNGSSOZIOLOGEN (Hrsg.) (1979): *Subsistenzproduktion und Akkumulation.* Saarbrücken: 101-174.

BENNHOLDT-THOMSEN, V. (1982): *Bauern in Mexiko. Zwischen Subsistenz- und Warenproduktion.* Frankfurt am Main.

BIERSCHENK, T. (2002): *Hans-Dieter Evers und die „Bielefelder Schule" der Entwicklungssoziologie.* Arbeitspapiere Nr. 1. Mainz: Institut für Ethnologie und Afrikastudien der Universität Mainz.

ELWERT, G.; D. WONG (1979): *Thesen zum Verhältnis von Subsistenzproduktion und Warenproduktion in der Dritten Welt.* In: ARBEITSGRUPPE BIELEFELDER ENTWICKLUNGSSOZIOLOGEN (Hrsg.) (1979): *Subsistenzproduktion und Akkumulation.* Saarbrücken: 255-278.

ELWERT, G.; H.-D. EVERS; W. WILKENS (1983): *Die Suche nach Sicherheit: Kombinierte Produktionsformen im sogenannten Informellen Sektor.* In: Zeitschrift für Soziologie, Jg. 12, Heft 4: 281-296.

EVERS, H.-D. (1987a): *Schattenwirtschaft, Subsistenzproduktion und informeller Sektor. Wirtschaftliches Handeln jenseits von Markt und Staat.* In: HEINEMANN, K. (Hrsg.) (1987): *Soziologie wirtschaftlichen Handelns (Kölner Zeitschrift für Soziologie und Sozialpsychiatrie, Sonderheft 28).* Opladen: 353-366.

EVERS, H.-D. (1987b): *Subsistenzproduktion, Markt und Staat. Der sog. Bielefelder Verflechtungsansatz.* In: Geographische Rundschau, Jg. 39: 136-140.

EVERS, H.-D. (1990): *Subsistenzproduktion und Hausarbeit. Anmerkungen zu einer Kritik des sog. Bielefelder Ansatzes (durch D. Obermaier, ZfS, Jg. 19, Heft 2).* In: Zeitschrift für Soziologie, Jg. 19, Heft 6: 471-473.

OBERMAIER, D. (1990): *Strategien zur Förderung von Frauen in Entwicklungsländern. „Integration in die Entwicklung" oder „Wiedergewinnung der Subsistenzfähigkeit"?* In: Zeitschrift für Soziologie, Jg. 19, Heft 2: 90-107.

OTTO-WALTER, R. (1979): *Unterentwicklung und Subsistenzreproduktion. Forschungsansatz der Arbeitsgruppe Bielefelder Entwicklungssoziologen.* In: ARBEITSGRUPPE BIELEFELDER ENTWICKLUNGSSOZIOLOGEN (Hrsg.) (1979): *Subsistenzproduktion und Akkumulation.* Saarbrücken: 7-12.

SCHMIDT-WULFFEN, W. (1987): *10 Jahre entwicklungspolitischer Diskussion. Ergebnisse und Perspektiven für die Geographie.* In: Geographische Rundschau, Jg. 39: 130-135.

WALLERSTEIN, I. (1986): *Das moderne Weltsystem. Kapitalistische Landwirtschaft und die Entstehung der europäischen Weltwirtschaft im 16. Jahrhundert.* Frankfurt.

x